Bouesse Arafat NZABA M.

Errances poétiques

Bouesse Arafat NZABA M.

Errances poétiques

Éditions Muse

Cover image: www.ingimage.com

Publisher:
Éditions Muse
is a trademark of
Dodo Books Indian Ocean Ltd. and OmniScriptum S.R.L publishing group

120 High Road, East Finchley, London, N2 9ED, United Kingdom
Str. Armeneasca 28/1, office 1, Chisinau MD-2012, Republic of Moldova, Europe
Printed at: see last page
ISBN: 978-620-4-96443-0

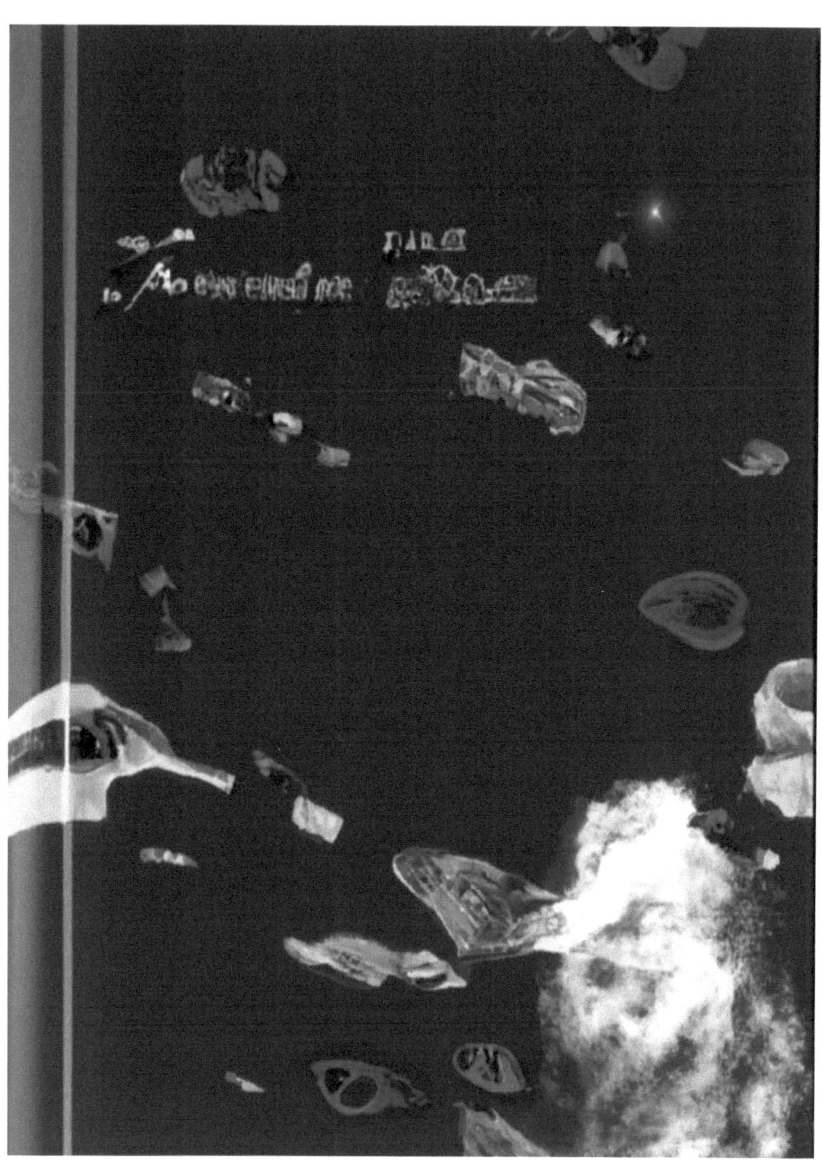

Errances poétiques

Par NZABA Arafat

Il y a des livres qui captent notre attention dès le premier regard, et Errances poétiques de NZABA Arafat en fait partie. Ce recueil de poèmes est un voyage à travers les émotions les plus profondes et les réflexions les plus intimes de l'auteur, exprimées avec une beauté et une sincérité qui touchent le cœur du lecteur.

Les poèmes de NZABA Arafat sont comme des portes ouvertes sur des mondes intérieurs inexplorés. Chacun d'eux résonne avec une émotion différente.

Mais quelle que soit l'émotion exprimée, chaque poème est un appel à l'introspection, à la réflexion sur soi-même et sur le monde qui nous entoure.

En lisant Errances poétiques, on est transporté dans un univers de sensibilité et de beauté. Les images poétiques sont fortes et évocatrices, et la langue est riche et musicale. Mais ce qui rend ce livre vraiment spécial, c'est la façon dont il parle directement au cœur du lecteur, le touchant et le faisant réfléchir longtemps après avoir refermé le livre.

Si vous cherchez un livre qui vous emmènera dans un voyage poétique émotionnel, vous ne pouvez pas faire mieux que Errances poétiques de NZABA Arafat. Ce livre est un véritable bijou de poésie, qui mérite d'être découvert et apprécié par tous ceux qui sont à la recherche de sens et de beauté dans leur vie.

1-La montagne

Sur les sommets des montagnes,
J'ai grimpé avec passion,
J'ai vu des paysages étonnants,
Et j'ai ressenti une profonde émotion.
J'ai marché sur des glaciers et des crevasses,
J'ai contemplé des vallées et des crêtes,
J'ai senti l'air frais sur mon visage,
Et j'ai découvert la liberté sans limite.

La montagne est un défi et une aventure,
Où chaque pas est un pas vers le ciel,
Le voyageur doit être humble et respectueux,
Pour goûter la grandeur de la nature sans pareil.

2-La ville

Dans les rues animées de la ville,
J'ai marché avec curiosité,
J'ai vu des gens de toutes les cultures,
Et j'ai ressenti une incroyable diversité.
J'ai goûté des plats exotiques et délicieux,
J'ai visité des musées et des monuments,
J'ai appris l'histoire et la tradition,
Et j'ai découvert l'humanité dans toute sa splendeur.

La ville est un mélange de cultures et de contrastes,
Où chaque coin est un monde à part entière,
Le voyageur doit être ouvert et tolérant,
Pour apprécier la richesse de l'humanité dans son caractère.

3-L'océan

Sur l'océan infini, j'ai navigué,

Vers des horizons inconnus,

J'ai vu des baleines et des dauphins,

Et j'ai ressenti la magie de la mer en vertu.

4- Terre d'Afrique

Terre d'Afrique, berceau de l'humanité,
Aux mille couleurs et mille visages,
Tes vastes plaines et tes jungles profondes,
Sont un écrin de vie et de diversité.

De l'Atlas à Madagascar,
Des plages de Zanzibar aux pyramides d'Egypte,
L'Afrique est un continent aux mille trésors,
Que chaque jour nous révèle de nouveaux décors.

Dans la savane africaine
Le soleil brûle les plaines,
Et les animaux en liberté,
Parcourent des espaces illimités.

Les éléphants, les lions et les girafes,
Sont les rois de cet immense territoire,
Où la nature est reine.

5- Les couleurs de l'Afrique

Les couleurs de l'Afrique,
Sont comme un arc-en-ciel,
Qui embrase les regards,
Et enflamme les cœurs.

Les tissus chatoyants et les bijoux étincelants,
Sont la marque de fabrique de ces terres enchantées,
Où la joie de vivre est inscrite dans les gènes,
Et où la musique est un langage universel.

6-Les larmes de l'Afrique

L'Afrique a connu bien des souffrances,
Des guerres, des famines et des exodes,
Et pourtant malgré ces douleurs,
Elle garde une force et une dignité sans pareilles.

Les larmes de l'Afrique ont coulé,
Mais elles ont irrigué les terres,
Et nourri la fierté de ces peuples résilients,
Qui se battent chaque jour pour leur liberté.

7-L'esprit de l'Afrique

L'esprit de l'Afrique est un souffle puissant,
Qui anime les cœurs et les esprits,
Et qui transcende les frontières.

C'est un esprit de solidarité et de partage,
Qui s'exprime dans les rires et les danses,
Et qui nous rappelle que, malgré nos différences,
Nous sommes tous unis sous le soleil de l'Afrique.

8-Pyramides majestueuses

Des blocs de pierre taillés avec soin,
Des pyramides se dressent dans le lointain,
Hommages aux pharaons divins,
Les édifices évoquent la grandeur d'autrefois.

Des siècles ont passé depuis leur construction,
Mais leur mystère reste encore entier,
Défiant le temps et les éléments,
Les pyramides restent un symbole d’émerveillement.

9-La naissance du Nil

Le Nil, cette merveilleuse source de vie,
Naît au cœur de l'Afrique, sous un ciel de plomb,
Deux fleuves, le Blanc et le Bleu, réunis,
Lui offrent leur eau pure et leur fertile limon.

Le Nil, ce dieu bienfaisant des Égyptiens,
Déverse ses flots sur les champs desséchés,
Faisant pousser le blé, le lin, le coton,
Et nourrissant le peuple qui l'a tant prié.

Le Nil, ce symbole de l'éternité,
Est un héritage de l'Égypte antique,
Qui a su l'honorer avec dignité,
Et faire de son pays une terre unique.

10- Le Sphinx

Le Sphinx, cette énigmatique créature,
Surveille le désert depuis des millénaires,
Il est le gardien de la Grande Pyramide,
Et inspire le respect des visiteurs.

Le Sphinx, ce mélange de force et de grâce,
Est un témoignage de la puissance pharaonique,
Il est un emblème de l'art égyptien,
Et un mystère qui fascine l'humanité.

Le Sphinx, cette énigme insaisissable,
Cache peut-être des secrets de l'histoire,
Mais il restera à jamais un symbole de grandeur,
De l'âme éternelle de l'Égypte et de sa gloire.

11- Osiris

Osiris, ce dieu de la mort et de la résurrection,
Est une figure emblématique de la mythologie égyptienne,
Il est le roi des morts, mais aussi le père de la vie,
Et symbolise l'espoir et la renaissance.

Osiris, ce dieu bienveillant et généreux,
Est aimé et vénéré par les Égyptiens,
Qui le considèrent comme le garant de leur destin,
Et le protecteur de leur âme éternelle.

Osiris, ce héros immortel,
Est une source d'inspiration pour l'art et la poésie,
Il incarne l'esprit de l'Égypte ancienne,
Et la sagesse millénaire de sa civilisation.

12- La vallée des rois

La vallée des rois, ce cimetière royal,
Est un lieu de mystère et de fascination,
Où reposent les souverains de l'Égypte antique,
Entourés de leurs trésors et de leurs gardiens.

La vallée des rois, ce joyau de l'archéologie,
Abrite des tombes somptueuses et des fresques éblouissantes,
Qui racontent la vie et la mort des pharaons,
Et témoignent de leur grandeur et de leur puissance.

La vallée des rois, ce sanctuaire de l'histoire,
Est un témoignage poignant de la gloire passée,
Elle inspire le respect et l'admiration,
Et nous rappelle l'importance de notre héritage.

13- Le Minotaure

Le Minotaure, moitié taureau et moitié homme,

Hantait le labyrinthe de Crète sans relâche.

Les Athéniens devaient lui offrir des sacrifices,

Jusqu'à ce que Thésée, grâce à l'aide d'Ariane,

Terrasse la bête et s'échappe avec sa vie.

Le Minotaure, créature mythique,

Reste gravé dans nos mémoires, tel un cauchemar antique.

14- Les Trois Grâces

Les Trois Grâces, déesses de la beauté,

Dansaient avec grâce, enivrées de légèreté.

Aglaé, Euphrosyne et Thalie,

Leurs noms évoquent la joie, la gaieté et l'harmonie.

Leur danse envoûtait les dieux de l'Olympe,

Et leurs charmes ont inspiré maints artistes.

15- Persée

Persée, le héros aux sandales ailées,

Défiait le terrible Méduse, au regard pétrifiant.

Avec l'aide des dieux, il triompha du monstre,

Et brandit sa tête comme un trophée victorieux.

Persée, héros courageux et astucieux,

Incarna la gloire de la Grèce antique, légendaire et fabuleuse.

16- Héraclès

Héraclès, le plus grand des héros grecs,

Vainquit les monstres les plus effroyables d'un coup sec.

Son courage et sa force légendaires,

Sont connus dans le monde entier, autant s'y faire.

Mais ses douze travaux, épreuves divines, preuve de son éveil,

Furent sa plus grande victoire, un exploit sans pareil.

17- La Chimère

La Chimère, créature hybride et terrifiante,

Composée d'un lion, d'un serpent et d'une chèvre,

Faisait trembler les cœurs les plus vaillants.

Mais le héros Bellérophon, sur son cheval ailé,

Terrassa la bête en un combat mémorable,

Gravant son nom dans l’histoire de façon admirable.

18- Orphée et Eurydice

Orphée, poète et musicien émérite,

Aimait Eurydice plus que tout au monde.

Mais lorsqu'elle mourut, il descendit aux enfers,

Pour la ramener à la vie, quitte à défier les dieux.

Hélas, il échoua et perdit à jamais sa bien-aimée,

Dans une tragédie qui a ému les cœurs de tous les temps.

19- Les Néréides

Les Néréides, nymphes de la mer,

Filantes et gracieuses, évoluaient avec légèreté.

Elles étaient les filles de Nérée, le vieil homme de la mer,

Et leur beauté fascinait les mortels comme les dieux.

Leurs chants mélodieux apaisaient les tempêtes,

Et leur charme inégalable inspirait les poètes.

20- "L'Amour Sauvage"

Dans la forêt sauvage, où l'amour s'épanouit,
Les arbres sont témoins de notre étreinte ardente.
Les oiseaux chantent en chœur, dans un doux accord,
Et le vent murmure des mots doux à notre oreille.

Notre amour est libre, comme les bêtes sauvages,
Il court à travers les champs, et les bois ombragés.
Notre passion est forte, comme les vagues de la mer,
Elle ne connaît ni limite, ni frontière.

Dans la nature sauvage, notre amour est roi,
Il brille comme le soleil, il réchauffe nos cœurs.
Nous sommes deux amants heureux, qui vivent en harmonie,
Dans un monde où l'amour est le seul souverain.

21- "La Passion Sauvage"

Dans la forêt sauvage, sous un ciel étoilé,
Nos corps s'entremêlent, dans une passion débridée.
Les feuilles mortes craquent sous nos pieds,
Et le vent souffle en cadence, comme un appel à l'amour.

Nos mains se cherchent, nos lèvres se cherchent,
Nos corps se fondent, dans une étreinte envoûtante.
La nature nous entoure, elle est notre complice,
Elle célèbre notre amour, avec ses bruits et ses parfums.

Dans la forêt sauvage, notre amour est pur,
Il est comme une source d'eau claire, qui coule sans fin.
Nous sommes deux âmes sœurs, unies à jamais,
Par la force de notre amour, dans ce monde sauvage.

22-"Les Amants Sauvages"

Dans la forêt sauvage, deux amants se cherchent,
Ils se cherchent avec passion, dans un jeu dangereux.
Ils se poursuivent, ils se fuient, dans un élan de désir,
Et leur amour fou les entraîne, vers les abîmes de la nuit.

Ils se cachent dans les fourrés, ils se caressent,
Ils s'embrassent avec fougue, dans un tourbillon de sensations.
Leurs corps se fondent, dans une sublime union,
Et leur amour brûlant les transporte, vers des sommets inconnus.

Dans la forêt sauvage, leur amour est leur loi,
Il est leur raison de vivre, leur seule vérité.
Ils sont les amants sauvages, les rois de la nature,
Et leur amour indomptable, est leur plus belle aventure.

23- "L'Amour Libre"

Dans la forêt sauvage, notre amour est libre,
Il n'a pas de chaînes, il n'a pas de limites.
Nous sommes deux amants fous, qui vivent leur passion,
Sans se soucier des conventions, ni des interdictions.

Nous nous aimons sous les arbres, dans un élan de folie,
Nous sommes deux êtres libres, qui ont choisi leur vie.
Notre amour est un feu ardent, qui brûle en nous sans fin,
Et nous sommes heureux, dans notre monde sans contraintes.

24-Le téléphone intelligent,

Un bijou technologique,
Des appels aux réseaux sociaux,
Il ne cesse de nous épater.

Avec son écran lumineux,
Nous sommes tous captivés,
À chaque notification,
Notre attention est happée.

Mais parfois, il faut savoir,
S'en détacher pour mieux vivre,
La vraie vie est là dehors,
Loin des écrans qui nous enivrent.

25-Le téléphone à cadran,

Un souvenir lointain,
Il a laissé place au portable,
Qui nous suit partout sans fin.

Il est notre compagnon,
Notre lien avec le monde,
Il nous informe, nous divertit,
Il ne nous laisse jamais seuls.

Mais parfois, il faut savoir,
Le mettre de côté un instant,
Pour profiter du moment présent,
Et vivre son existence pleinement.

26-Le téléphone portable,

Un objet connecté,
Il est notre allié,
Dans notre vie mouvementée.

Avec lui, on peut tout faire,
Appeler, écrire, naviguer,
Il nous simplifie la vie,
Et nous permet d'innover.

Mais parfois, il faut savoir,
Savoir s'en éloigner un peu,
Pour ne pas se perdre,
Dans cet univers trop virtuel.

Le téléphone portable,
Un objet de convoitise,
Il est devenu un symbole,
De notre société de crise.

Mais au-delà de son apparence,
Il cache une technologie,
Qui nous relie les uns aux autres,
Et qui nous offre de nouveaux horizons.

Alors, ne le regardons pas,

Comme un simple accessoire,

Mais plutôt comme un outil,

Qui peut changer notre histoire.

27- "Le Voyage"

Je quitte ma maison et je pars en voyage,
Laissant derrière moi mes soucis et mes craintes.
Je cherche de nouvelles aventures,
Et je suis prêt à tout ce que la vie a à offrir.

Je parcours les routes poussiéreuses,
À travers les montagnes et les forêts.
Je rencontre des gens différents,
Et je découvre de nouveaux endroits.

Je goûte à des saveurs inconnues,
Et j'apprends de nouvelles cultures.
Je me laisse porter par le vent,
Et je me laisse guider par mon cœur.

Le voyage est un chemin vers la liberté,
Où les limites n'existent pas.
C'est un voyage de découverte de soi,
Et parfois un départ vers l'inconnu.

Je ne sais pas où je vais,

Mais je suis sûr que je vais y arriver.

Je vais continuer à voyager,

Et à vivre ma vie sans regret.

28-"La Pluie"

La pluie tombe doucement sur le toit,
Emplissant l'air d'une odeur de terre mouillée.
Je m'assois et j'écoute le son apaisant,
Et je sens la pluie laver mes soucis.

Les gouttes tombent en cascade,
Éclaboussant les feuilles et les fleurs.
La pluie est un rappel que la nature est vivante,
Et que chaque goutte compte pour elle.

Je ferme les yeux et je respire,
Sentant l'air frais remplir mes poumons.
Je suis heureux d'être en vie,
Et reconnaissant pour ce doux moment.

29- "L'Aurore"

Le soleil se lève à l'horizon,
Brisant la nuit avec ses rayons dorés.
Les oiseaux commencent à chanter,
Et la nature s'éveille lentement.

Je regarde le ciel changer de couleur,
Passant de l'obscurité à la lumière.
Je me sens renouvelé et revitalisé,
Prêt à affronter une nouvelle journée.

L'aurore est un rappel que chaque jour est une bénédiction,
Et que chaque jour est une chance de recommencer.
C'est un moment de promesse et d'espoir,
Et un instant de gratitude pour la vie.

30- "Le Printemps"

Le printemps est arrivé,
Avec ses fleurs et ses parfums délicats.
Les arbres se parent de feuilles vertes,
Et les oiseaux construisent leur nid.

Je me promène dans les jardins fleuris,
Admirant les tulipes et les jonquilles.
Je respire l'air frais et pur,
Et je me sens heureux d'être vivant.

Le printemps est un temps de renouveau,
Où la nature se réveille de son sommeil.

31-Le Souvenir

Le souvenir est comme un oiseau qui vole,
Emportant avec lui les jours passés ;
Il nous rappelle les moments frivoles,
Les étreintes tendres et les baisers.

Il nous fait revivre les heures de joie,
Et les moments de peine et de douleur ;
Il est parfois doux, parfois triste et froid,
Mais il reste fidèle à notre cœur.

Il est l'ami de notre solitude,
Le confident de nos secrets cachés ;
Il est le lien qui nous relie à l'attitude,
Des êtres aimés qui ont disparu.

32-Le Temps

Le temps qui s'écoule est un éternel voyage,
Qui nous mène vers l'inconnu et l'infini ;
Il nous fait traverser les âges,
Et nous apprend à vivre en harmonie.

Le temps est comme une fleur qui s'épanouit,
Et qui se fane doucement avec le temps ;
Il nous apprend à apprécier chaque instant,
Et à vivre intensément chaque jour qui suit.

Le temps est notre maître à tous,
Il nous apprend à être forts et courageux ;
Il nous enseigne à aimer et à respecter,
Les êtres qui nous entourent et nous inspirent.

33-L'Amour

L'amour est un doux parfum qui envahit nos sens,
Il nous emporte dans un monde de passion et de désir ;
Il nous fait vibrer au son de chaque instant,
Et nous apprend à aimer et à chérir.

L'amour est une flamme qui brûle sans fin,
Et qui illumine nos cœurs de sa lumière ;
Il nous fait découvrir les plaisirs de la vie,
Et nous ouvre la porte d'un bonheur éphémère.

L'amour est un doux chant qui résonne en nous,
Et qui nous fait rêver aux plus beaux moments ;
Il nous apprend à être vrais et sincères,
Et à partager nos sentiments les plus intenses.

34-La Nature

La nature est un monde merveilleux,
Qui nous émerveille par sa beauté et sa grandeur ;
Elle est la source de notre inspiration,
Et nous apprend à respecter chaque créature.

La nature est comme une symphonie,
Qui nous berce de ses douces mélodies ;
Elle est le reflet de notre âme,
Et nous rappelle la grandeur de notre destinée.

La nature est un éternel renouveau,
Qui nous montre le chemin de la sagesse ;
Elle nous apprend à vivre en harmonie,
Et à chérir chaque instant de notre existence.

35-La Mort

La mort est un passage obligé,
Qui nous fait quitter ce monde pour l'éternité ;
Elle est l'aboutissement de notre destinée,
Et nous rappelle la fragilité de notre humanité.

La mort est une porte ouverte, un trépas,
Qui nous permet de découvrir les secrets de l'au-delà ;
Elle est le symbole de notre transformation,
Et nous rappelle l'importance de notre action.

La mort est une rencontre avec l'inconnu,
Un monde des allongés, des gens qu'on a connus ;
Elle est le rappel de notre appartenance,
À un univers en perpétuelle évolution.

36- Les Chevaliers

Dans le château fort,
Les chevaliers se préparent pour la guerre.
Ils ajustent leur armure, se coiffent de leur heaume,
Et prennent leur épée pour partir à l'assaut.

Ils montent leur destrier,
Et galopent vers la bataille,
Prêts à défendre leur seigneur,
Et à se battre avec courage et honneur.

Le bruit des armes résonne dans la plaine,
Et le sang coule sur le sol.
Mais les chevaliers ne flanchent pas,
Ils continuent de se battre, avec force et vaillance.

Quand la bataille est finie,
Ils retournent au château,
Fiers de leur victoire,
Et prêts à repartir au combat.

37-La Princesse

Dans sa tour, la princesse attend,
Elle regarde par la fenêtre,
Et rêve de liberté.

Elle est belle comme un ange,
Mais prisonnière de son rang,
Elle ne peut s'échapper,
Et vivre sa vie comme elle l'entend.

Pourtant, elle ne se résigne pas,
Et garde espoir en son cœur.
Elle sait que l'amour peut tout changer,
Et qu'un jour, son prince viendra la sauver.

38- Les Troubadours

Dans les rues de la ville,
Les troubadours chantent des chansons d'amour.
Ils jouent de la musique avec passion,
Et leurs voix s'élèvent dans le soir.

Ils racontent des histoires de chevaliers,
De princesses et de dragons,
Et transportent leur public dans un autre monde,
Celui du Moyen Âge, plein de mystère et de beauté.

Leurs mélodies résonnent dans les rues,
Et les gens les écoutent, émus.
Car les troubadours ont le pouvoir de toucher les cœurs,
Et de faire vibrer les âmes.

39- Le Château

Le château est majestueux,
Il domine la vallée de sa silhouette imposante.
Ses tours se dressent vers le ciel,
Et ses remparts sont infranchissables.

À l'intérieur, il y a des salles immenses,
Des couloirs sombres et des escaliers en colimaçon.
On y trouve des tableaux, des tapisseries et des meubles anciens,
Qui témoignent de la grandeur passée de ce lieu.

Mais le château est aussi mystérieux,
Et plein de secrets inavoués.
On raconte qu'il y a des passages secrets,
Et que les murs ont des oreilles.

40- La Sorcière

Dans la forêt sombre,
On dit qu'il y a une sorcière.
Elle vit dans une cabane en bois,
Et prépare des potions mystérieuses.

On raconte qu'elle peut ensorceler les gens,
Et qu'elle est en lien avec les forces du mal.
Mais d'autres disent qu'elle est une guérisseuse,
Qui connaît les plantes et leurs vertus.

41-"Les Grottes"

Dans les grottes profondes et sombres,

Les hommes préhistoriques vivaient sans nombre.

Ils chassaient, ils pêchaient, ils dessinaient,

Sur les murs de pierre, leurs histoires incrustaient.

42- "Le Feu"

Dans la nuit noire, le feu s'allume,

Les flammes dansent, la chaleur consume.

Les hommes préhistoriques ont découvert,

Le secret de cette force, leur vie a changé à jamais.

43- "Les Dinosaures"

Dans la préhistoire, avant l'homme,

Les dinosaures peuplaient la terre en somme.

Majestueux, puissants, gigantesques,

Ils régnaient sur leur royaume sans faiblesses.

44- "Le Chasseur"

L'homme préhistorique était un chasseur,
Il traquait les animaux avec ferveur.
Armé d'une lance, d'un arc, ou d'une pierre,
Il avait le courage et la force pour faire taire sa faim austère.

45- "Le Néandertal"

Il y a des milliers d'années, il y avait Néandertal,
Un homme robuste, fort et brutal.
Il s'adaptait aux plus rudes des climats,
Il survécut aux temps accablants ici-bas.

46- "L'Art Rupestre"

Dans les grottes, l'art rupestre témoigne,

De l'existence des hommes dans leur besoin de poème.

De mains peintes à des scènes de chasse,

Ces peintures racontent leur vie, leur destin, leur place.

47- "La Glace"

La glace recouvrait les terres, les mers,

Les hommes préhistoriques ont connu les hivers les plus amers.

Ils ont survécu grâce à leur ingéniosité,

Et leur persévérance face à la difficulté.

48- "L'Outil"

L'outil de pierre était la clé,

De la survie pour l'homme préhistorique dans la vie passée.

Il a fabriqué des pointes de flèches, des couteaux, des haches,

Des outils indispensables pour chasser, construire et travailler avec bravache.

49- "Le Mammouth"

Le mammouth a vécu dans la préhistoire,

Une créature immense, majestueuse, pleine de gloire.

Les hommes préhistoriques ont chassé le mammouth,

Pour survivre, pour se nourrir, leur courage sans cesse à bout.

50- "L'Homme Préhistorique"

L'homme préhistorique était un guerrier,

Un chasseur, un cueilleur, un artiste, un ouvrier.

Il a survécu à des temps incertains,

Et a fondé la civilisation, un monde nouveau et serein.

51-TELLEMENT FOU

Le temps moderne est tellement fou,

Tous ces écrans qui nous rendent accro,

Nous sommes connectés, mais seuls,

Perdus dans ce monde virtuel,

Nous avons des amis sans visages,

Des ennemis sans raisons ni âges.

52- TOUT EST INSTANTANE

Dans les temps modernes, tout est instantané,
Nous voulons tout, et nous le voulons maintenant.
La nourriture, l'amour, le succès,
Nous avons tout sous la main, prêt à être consommé.
Nous sommes impatients, nous sommes pressés,
Nous ne savons pas comment attendre.
Mais à quel prix ? Le temps moderne nous a pris,
Et nous avons perdu la patience et la tranquillité.

53- Constante évolution

Les temps modernes sont en constante évolution,
Nous avons créé de nouvelles solutions,
Des machines intelligentes, des robots,
Des avancées qui semblent venus d'un autre monde.
Mais où cela nous mènera-t-il ?
Nous avons peut-être oublié l'essentiel,
La simplicité et l'humanité,
Que nous avons remplacées par la technologie.

54- Un vent de liberté

Le temps moderne nous a apporté la liberté,
La possibilité de vivre nos vies comme nous le souhaitons,
Nous sommes plus ouverts et plus tolérants,
Et pourtant, nous sommes toujours divisés et méfiants.
Nous avons créé des frontières invisibles,
Des murs qui nous empêchent d'être sensibles.
Le temps moderne est un mélange de paradoxes,
Où la liberté coexiste avec l'emprisonnement.

55- Il a brisé les barrières

Le temps moderne a brisé les barrières,
Nous sommes connectés, nous sommes en réseau,
Nous avons la liberté de parler notre esprit,
Mais sommes-nous réellement libres de choisir ?
Nous sommes conditionnés, nous sommes programmés,
Pour suivre les tendances, les modes du jour,
Nous sommes prisonniers de l'opinion publique,
Et avons oublié notre propre voix critique.

Printed by Books on Demand GmbH, Norderstedt / Germany